65 道超人氣港式美味輕鬆做！

我家也是茶餐廳

專業餐坊 李德全、林國汶 合著

目錄

「四十年磨一劍」

與您分享料理的美好風味

從事餐飲業已經四十年了，也出版了許多食譜。作為一個食譜的作者，最開心的事是當讀者告訴我，他照著我的食譜做出來的東西很好吃且大受好評！所以每次我在拍攝食譜時，都要自己做過、吃過，覺得滿意才可以。

粵菜——尤其是港式點心，是我在廚師生涯中投入最久、用功最深的菜系。因為近年來「港式茶餐廳」熱潮正興。許多人想在家複製，卻不知從何下手。所以這次邀請知名粵菜主廚林國汶師傅一起合作，針對最受歡迎的茶餐廳美食做了這本書。當中除了依照一般餐廳菜單做分類，最重要的是餡料的調製也都依照餐廳的標準配方。希望讓讀者，即便是新手，也能輕鬆做出風味絕佳、受歡迎的港式餐點。

這次與林國汶師傅一起合作。除了讓書本內容品項更豐富精彩外，最重要的一點是，港式餐點這幾十年來在口味及品項上多有改變，新一代的廚師，在烹飪技巧及原料使用比以前更科學更精準。所以透過與林師父的討論及實際操作與調整，讓讀者在操作上更容易上手。

希望想在家為家人或自己做出好吃又安心的茶餐廳美食的朋友，透過這本書讓您得心應手，驕傲的告訴親朋好友：「我家也是茶餐廳！」。

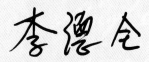

做一個驕傲的廚師

「熱情、理念、堅持、要求、把關」

從小對於美食就有一份熱情，在就讀高中時就選定了餐飲這個行業，一路走來在粵廚界也打拼了十多年，對身為廚師的自己感到非常驕傲。這份驕傲來自始終堅持秉持熱情、理念、堅持、要求、把關，以每一道菜餚都能讓客人品嚐到我的用心為宗旨！

這些年，也常有客人對我說：「您們粵菜料理很好吃、也很美味，很想知道怎麼做？要如何學會烹煮粵菜呢？」其實，粵菜料理在台灣也不下數十年，也培養了很多美食家與饕客對粵菜的認同和喜愛。

這次非常榮幸前輩——李德全師傅的邀請，一同研究粵菜美食，挑出經典菜色成書。本書的理念就是要讓美食愛好者們，以好取得的食材為主，用最輕鬆的方式在家也能做出大師級的經典粵菜料理，在書籍裡的菜色分配和醬汁的調配，全都按照餐廳的烹煮方式與醬汁比例來呈現，絕不藏私！

全書的料理呈現將舊式粵菜跟新式粵菜的料理手法融合，把過去較繁瑣的製作過程稍作改變，放入新的元素讓粵菜也能在味道和食材上都有大的創新，希望讓讀者能在家烹煮出餐廳級的粵菜料理。請跟著我們一起做出超人氣港式美味吧！

林國汶

認 識 食 材

【豬排骨】

書中使用部位是在背脊中央帶骨的豬小排，又可細分為子排和軟排，子排帶骨有嚼勁；軟排的肉質較軟，帶可咀嚼入口的軟骨。

【豬五花腩排】

腩排位於豬腹脇部，帶有白色軟骨，肉質厚且口感軟嫩。

【豬梅花肉】

是豬肩胛肉的上半部，油脂分布均勻、口感好，適合煎、烤。

【豬背油】

位在豬背的皮下脂肪，比內臟脂肪乾淨，剁碎運用在肉餡中可增添滑順口感。亦可乾鍋煎，榨乾豬背脂，撈除乾渣取得豬油。

【港式臘腸】

以豬絞肉、豬背油碎調味拌成內餡，灌入腸衣經過風乾而成，餡料摻有高粱或玫瑰露等，帶有酒香與肉香，烹煮前要先過熱水，洗去表面雜質。

【港式肝腸】

作法與臘腸相同，但肉餡中會加入鴨肝，因此色澤較深，口感風味也有不同。

【港式臘肉】

豬五花肉醃漬後風乾，烹調前要先洗過，再以滾水汆燙後蒸煮，食用前可切除豬皮部分。

【馬友鹹魚】

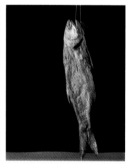

以午仔魚醃漬後風乾而成，未烹煮前有一股讓人皺眉的味道，但烹煮會會轉成濃郁的香氣，可炒飯或製作頂級 XO 醬使用。

【佛手瓜】

產季在9月到隔年4月，烹煮時不需削皮，只要切開去除中間的一顆籽即可。龍鬚菜其實就是佛手瓜的嫩葉。

【無花果乾】

新鮮無花果乾燥而成，用於煲湯能釋放出清爽的香甜味。

【玉竹】

是百合科草本植物的根莖，有滋陰養氣、潤燥潤肺等功效，可於中藥行購得。

【枝竹】

枝竹其實就是腐竹，但它只取自豆漿煮滾後，凝結薄膜後，最先挑起的第一層腐竹，口感最滑，品質最好。

【南北杏】

南北杏與平日在超市購得的加州杏仁果不同，是由南杏（光中杏／甜杏仁）與北杏（苦杏仁）混合而成。可在中藥行購得。

【春捲皮】

亦稱白方皮、潤餅皮，需冷凍或冷藏保存。

【燒賣皮】

亦稱黃皮，一般用麵粉和蛋黃製成。

【威化紙】

為可食用米紙，多用於油炸類料理，包入餡料、幫助油炸定型。

【奶水】

牛奶加熱蒸發約60%水分，再均質殺菌為質地較濃的奶水，使用奶水是絲襪奶茶口感滑順的秘訣所在。

【橄欖菜】

由橄欖和芥藍菜醃漬而成，市售以玻璃罐裝為主，是香港常見的醃漬食材，和梅干菜有點類似，但風味更特殊。

【吉士粉】

亦稱卡士達粉，為食品香料粉，帶有淺黃澄色，具有濃郁的奶香味。

【錫蘭紅茶葉】

正宗的港式奶茶以使用產自斯里蘭卡的錫蘭紅茶為主，亦稱「西冷紅茶」且多會以粗茶和幼茶混合調配。

粥 粉 麵 飯 湯

基礎 Basic 粥底

材 料

白米	2 杯…**洗淨、稍瀝水分**
皮蛋	1/2 顆
乾燥腐皮	1 片…撕碎泡軟
水	13 杯

※1 杯水＝ 240g

作 法

1 白米放入深碗內，加入皮蛋和腐皮碎，一起搓拌均勻，靜置 10 分鐘，備用。

2 將水煮沸，加入作法 1 白米皮蛋腐皮，拌均，煮至水滾，改中小火，維持米粒滾動狀。

3 過程中需攪拌，防止鍋底白米燒焦，約煮 40 ～ 60 分鐘。

4 煮至米粒開花呈軟綿狀即可。

小 撇 步

加入腐皮的奧妙

腐皮就是豆腐皮，使用新鮮或乾燥的都可以，如果買乾燥腐皮，要先撕碎再泡水軟化。在粥底加入腐皮可以增添粥的香滑口感，也可以加入無糖豆漿。

皮蛋瘦肉粥

  1 人份

基礎粥底	300g…見 P.10	調味料	
皮蛋	1 顆	鹽	1/2 茶匙
高湯 a	40g	白胡椒粉	少許
高湯 b	300g		
薑絲	10g		
豬絞肉	150g		
蔥花	少許		
油條	少許…切小段		

作法

1　皮蛋＋高湯 a，放入深碗，先用湯匙搗碎 ，備用。
　※ 皮蛋先加水或高湯，比較容易搗碎。

2　取深鍋，依序加入基礎粥底→高湯 b →薑絲，煮滾 。

3　加入豬絞肉→作法 1 皮蛋 ，拌勻稍煮 2 ～ 3 分鐘，熄火。

4　加入所有調味料 ，拌勻，盛入碗中，撒上蔥花和油條段即可。

生菜碎牛粥

  1 人份

A

牛絞肉	150 g
蛋白液	1 大匙
太白粉	1 大匙
鹽	1/4 茶匙

B

基礎粥底	300g…見 P.10
高湯	300g
薑絲	少許
生菜絲	少許
蔥花	少許
油條	少許…切小段

調味料

鹽	1/2 茶匙
白胡椒粉	少許

作　法

1　取所有材料 A，抓勻醃 10 分鐘，備用。

2　取深鍋，依序加入材料 B 基礎粥底→高湯
　→薑絲，煮滾。

3　加入作法 1 牛絞肉，拌勻稍煮 2～3 分鐘，
　熄火。

4　加入所有調味料，拌勻，盛入碗中，撒上生
　菜絲、蔥花及油條段即可。

小　撇　步

肉先醃過更好吃！

牛肉先用少許太白粉和
蛋液抓勻，能讓牛肉口
感更滑嫩。

狀元及第粥

A

豬肉片	80g
太白粉 a	1 茶匙
鹽	1/4 茶匙
豬肝	80g
太白粉 b	1 茶匙
豬腰花	80g…**前處理見 P.18**
豬肚條	80g…**前處理見 P.19**
薑片	少許
蔥	少許
米酒	1 大匙
太白粉	1 大匙

B

基礎粥底	300g…**見 P.10**
高湯	300g
薑絲	少許
蔥花	少許
油條	少許…**切小段**

調味料

鹽	1/2 茶匙
白胡椒粉	少許

法

1. 材料 A 豬肉片＋太白粉 a ＋鹽，抓勻，醃 10 分鐘；豬肝洗淨、切薄片，加太白粉 b，稍微抓勻；豬肉片＋豬肝＋豬腰花，一起放入溫水鍋中汆燙，撈出備用。

2. 取深鍋，依序加入材料 B 基礎粥底→高湯→薑絲，煮滾。

3. 依序加入作法 1 豬肉片→豬肝→豬腰花→豬肚條，拌勻，稍煮 2～3 分鐘，熄火。

4. 加入所有調味料，拌勻，盛入碗中，撒上蔥花和油條段即可。

小撇步

豬內臟前處理不可少！

豬肉片、豬肝、豬腰，加入鍋底前可以先用溫水汆燙，能有效降低腥味，也能去除雜質避免粥底混濁。

豬肚前處理

材料	
新鮮豬肚	1 副
太白粉或麵粉	適量
蔥	2 支
薑	3 片
米酒	少許

作法

1 豬肚以太白粉搓揉，去除黏液，洗淨。

2 放入鍋中，加水淹過豬肚，放入蔥、薑、米酒，煮開，以小火煮1小時。

3 將豬肚泡入冷水中，靜置冷卻。

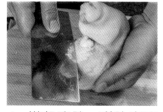

4 撈起豬肚，刮除表面白、黃薄膜。

5 豬肚從中間對半剖開。

6 切成條狀即可。

小撇步

若購買冷凍豬肚，廠商基本上都已經洗得很乾淨，只要解凍後用蔥薑水汆燙就可以去腥；若是傳統豬肉攤，攤商多半也會先刮除豬肚表面油脂，且翻面刮除內薄膜，回家只要依照上述方式處理即可。

※ 豬肚通常會在煮熟後再進行後續烹調。

豬腰前處理

  材料

新鮮豬腰 ────── 1 副

  作法

1 豬腰橫向、對半剖開。

2 切除臟器內的筋膜和質體。

3 翻回表面先斜刀劃刀。

4 換方向再斜刀劃刀。

5 片出豬腰花。

6 放入溫水中汆燙即可。

   小撇步

豬臟器採買小叮嚀

豬腰是豬的腎臟，購買時要注意表面要光滑帶光澤，不要有出血點，切開內部的白色筋絲和紅色質體不能糊爛；豬肚則是豬的胃部，兩者的腥味都比較重，一定要先處理避免腥羶。

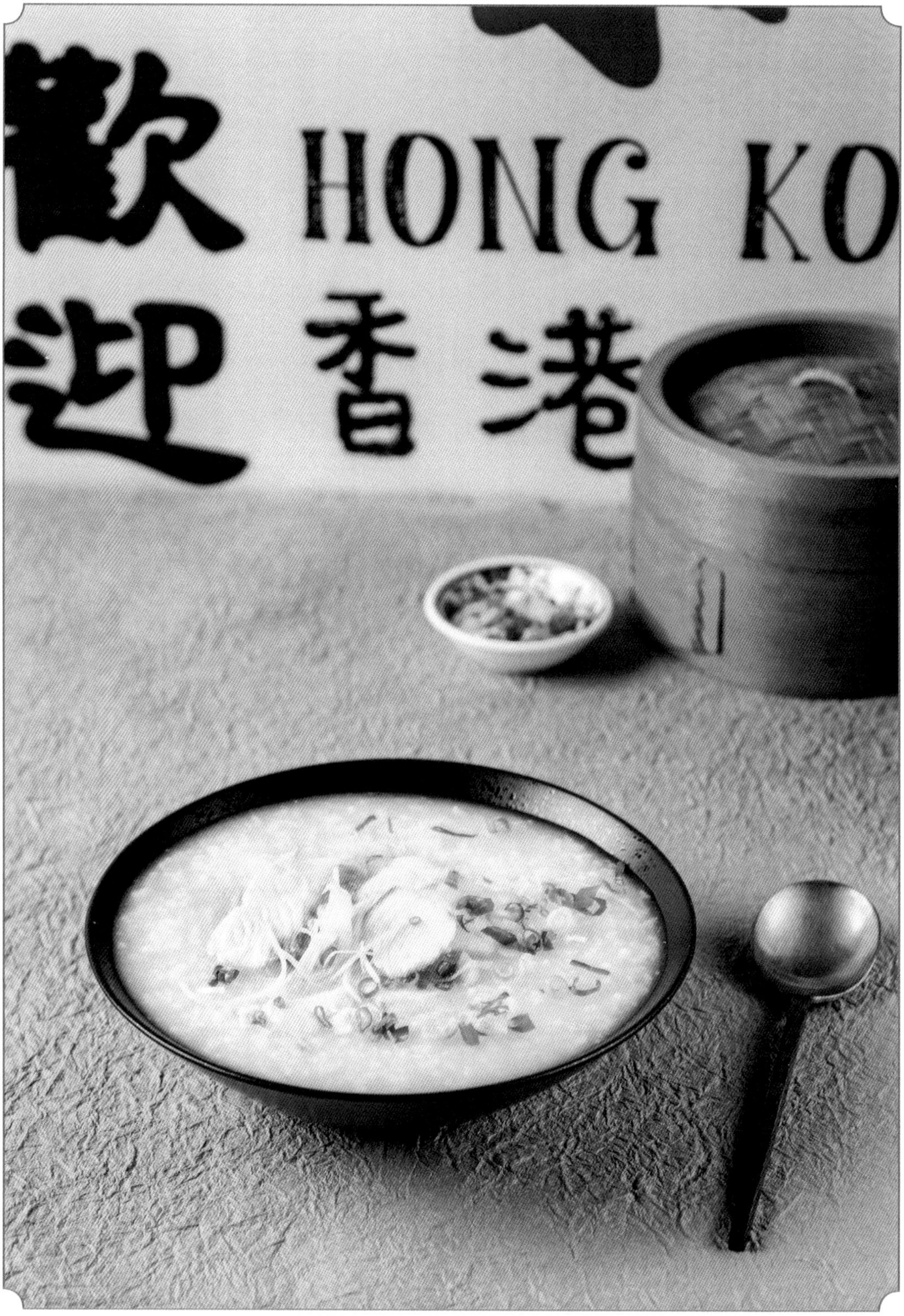
歡迎香港
HONG KO

艇仔魚片粥

  材　料 1 人份

A

鯛魚腹排	300g
太白粉	1 大匙
蛋白	1 小匙
米酒	1 大匙

B

基礎粥底	300g…見 P.10
鮮香菇	2 朵…切絲
高湯	300g
薑絲	少許
蔥花	少許
油條	少許…切小段

調味料

鹽	1/2 茶匙
白胡椒粉	少許

  作　法

1　材料 A 鯛魚腹排順紋、斜刀切片，加入其餘材料 A 抓勻，醃 10 分鐘，備用。
2　取深鍋，依序加入材料 B 基礎粥底→鮮香菇絲→高湯→薑絲，煮滾。
3　加入作法 1 鯛魚片，拌勻稍煮 2～3 分鐘，熄火。
4　加入所有調味料，拌勻，盛入碗中，撒上蔥花和油條段即可

 **小　撇　步**

魚片順紋切，肉片不易碎

煮魚片的時候，順著肉的紋路切，魚肉比較不易碎；把魚片先用太白粉、蛋白、米酒先醃過，米酒可以去腥，蛋白和太白粉則可包覆肉片，除較不易碎之外，也能讓魚肉的口感滑嫩。

乾炒牛河

A

牛肉	150g
醬油	1 茶匙
太白粉	1 茶匙
沙拉油	少許

調味料

醬油	1 大匙
細砂糖	1/2 茶匙

B

河粉	350g…**切寬 15cm 條狀**
洋蔥	50g…**切細絲**
銀芽	30g
韭黃	50g…**切 3cm 段**
香菜	少許…**切小段**
熟白芝麻	少許
沙拉油	2 大匙

##

1　牛肉逆紋切 0.3cm 薄片 ，加入醬油和太白粉，抓勻 ，醃 10 分鐘，再加入少許沙拉油，拌勻，備用。

　　※ 醃好的牛肉拌入沙拉油，在過油的時候，肉片比較不會黏著在一起，會比較好炒開。

2　熱鍋，倒入 1 碗沙拉油，低油溫時先下作法 1 牛肉片 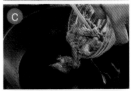，拌開炒至 7 分熟，撈出牛肉片 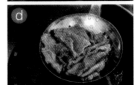，備用。

3　作法 2 原鍋鍋底留適量的油加入洋蔥條→銀芽，拌炒至香氣四溢，放入河粉條，稍微拌炒均勻。

4　加入調味料，醬油以嗆鍋方式下鍋，讓醬油香氣更香，改大火翻炒均勻，放入韭黃拌炒，盛盤，撒上熟白芝麻，以香菜點綴即可。

##

低溫過油保嫩度

「過油」主要用意是為了保持肉片的嫩度，因會經過二次烹調，因此熟度要控制在七分熟，食材外層多會裹上粉漿以鎖住肉品鮮甜，並維持食材完整度。注意「過油」的油溫不可過高，約莫在 100 ～ 120℃ 即可，要避免肉質過老，但也不能太低溫，會導致外層粉漿脫落。

海鮮湯河粉

A

蝦仁	4 隻	…開背去腸泥
花枝片	50g	…斜刀切 0.2cm 薄片
鯛魚腹排	50g	…斜刀切 0.5cm 薄片
太白粉	1 大匙	
鹽	1/4 茶匙	
米酒	1 茶匙	

調味料

蠔油	1 大匙
細砂糖	1/2 茶匙
白胡椒粉	少許
香油	1/4 茶匙

B

河粉	300g	…切寬 1.5cm 條狀
高湯 a	400cc	
青江菜	1 株	…切對半
叉燒肉	50g	…見 P.26，切片
鮮香菇	2 朵	…切絲
紅蘿蔔	50g	…切片
高湯 b	200cc	

C

沙拉油	1 大匙
太白粉	1 大匙
水	2 大匙

※ 太白粉＋水，先調勻。

作 法

1. 材料 A 蝦仁、花枝片、鯛魚片，加入太白粉、鹽、米酒，抓勻，醃 10 分鐘，備用。

2. 依序將蝦仁→花枝→鯛魚片→青江菜→紅蘿蔔片，放入滾水鍋中汆燙，撈出，備用。

3. 高湯 a 煮滾，放入河粉條，再煮滾，盛入深碗，擺上作法 2 熟青江菜，備用。

4. 熱鍋，倒入沙拉油，加入香菇絲爆香，再加入作法 2 蝦仁、花枝片、鯛魚片、紅蘿蔔片 c，翻炒，倒入高湯 b d，加入蠔油、細砂糖、白胡椒粉，拌勻。

5. 改小火，以太白粉水勾芡 e，灑入香油，盛入作法 3 河粉碗中 f 即可。

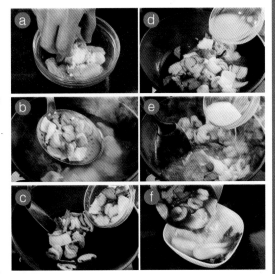

蜜汁叉燒

DIY

Special Column

 材料

豬梅花肉	500g
蜂蜜	適量

調味料

黑豆瓣醬	30g
紅麴醬	2 大匙
細砂糖	4 大匙
米酒	2 大匙
五香粉	1/4 茶匙
醬油	1 大匙

作法

1 豬梅花肉從側面片開，成 1cm 厚片。

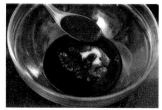

2 所有調味料調勻。

3 放入豬梅花肉，抓勻。

4 靜置，醃 4 小時，備用。※ 夏天要放到冰箱冷藏醃漬。

5 烤箱預熱至 250℃，豬梅花肉片置於烤盤攤平，放入烤箱烤約 10 分鐘。

6 出爐，刷上蜂蜜即可。

小撇步

加入「南乳」更道地

港式叉燒醃料多半使用「南乳」，為方便讀者製作，師傅教您的配方是以黑豆瓣醬代替南乳！您也可以把黑豆瓣醬以台灣的腐乳取代，試著調配出自己喜歡的叉燒風味。

豉油皇炒麵

材料 1 人份

廣東生麵	150g	調味料	
洋蔥	1/4 顆…切絲	蠔油	1/2 茶匙
鮮香菇	2 朵…切絲	醬油	1/2 茶匙
銀芽	30g	細砂糖	1/4 茶匙
韭黃	30g…切段	白胡椒粉	少許
水	120cc		
沙拉油	3 大匙		
熟白芝麻	少許		
香菜	少許…切小段		

作法

1 煮一鍋滾水，加入 1 茶匙沙拉油（分量外），放入廣東生麵燙到麵條軟化，撈起瀝乾，再拌入 1 茶匙沙拉油（分量外）a 拌開 b 讓麵條不易沾黏，放涼備用。

2 熱鍋，倒入 3 大匙油沙拉油，放入燙好的廣東生麵，以中小火煎至兩面金黃 c，瀝油，在麵條上方淋少許的開水（分量外）d，沖去多餘油脂。

3 作法 2 原鍋保留鍋底油，放入洋蔥絲、香菇絲炒香，加入水和所有調味料，再放入煎好的廣東生麵，以中小火快速拌炒 e，讓麵條均勻散開。

4 放入銀芽、韭黃段，快速翻炒收汁 f，盛盤，撒上熟白芝麻即可。

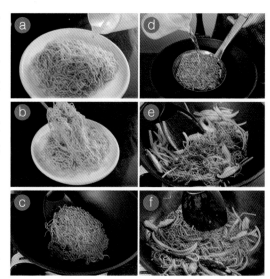

廣州炒麵

材料		調味料	
廣東生麵	150g	高湯	200cc
蝦仁	4 隻……**開背去腸泥**	蠔油	1 大匙
花枝片	50g…**斜刀切 0.2cm 薄片**	細砂糖	1/2 茶匙
鯛魚腹排	50g…**切 0.5cm 薄片**	白胡椒粉	少許
叉燒肉	50g…**見 P.26，切片**	太白粉	1 大匙
鮮香菇	2 朵…**切絲**	水	2 大匙
紅蘿蔔	50g…**切片**	香油	1/4 茶匙
青江菜	1 株…**切對半**	※ 太白粉＋水，先調勻。	
沙拉油	3 大匙		

作法

1　煮一鍋滾水，加入 1 茶匙沙拉油（分量外），放入
　　廣東生麵燙到麵條軟化，撈起瀝乾，再拌入 1 茶匙
　　沙拉油（分量外）拌開讓麵條不易沾黏，放涼備用。

2　以作法 1 原鍋沸水，依序汆燙紅蘿蔔片→青江菜→
　　香菇絲，撈起瀝乾，再放入蝦仁→花枝片→鯛魚片，
　　汆燙，撈起備用。

3　熱鍋，下 3 大匙油沙拉油，放入燙好的廣東生麵，
　　以中小火煎至兩面金黃ⓐ，瀝油ⓑ，盛盤，用廚房
　　剪刀剪開ⓒ。

4　作法 3 原鍋（保留鍋底油），加入作法 2 蝦仁、花
　　枝片、鯛魚片、香菇絲、紅蘿蔔片、青江菜及叉燒
　　肉片，拌炒均勻。

5　倒入高湯，煮滾後改小火，加入蠔油、細砂糖及白
　　胡椒粉調味，以太白粉水勾芡ⓓ，灑入香油，起鍋，
　　淋在作法 3 煎麵上即可。

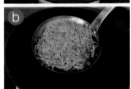

蠔油撈麵

  1 人份

廣東生麵————150g
芥藍菜————3 根…**切除根部**
鮮香菇————1 朵…**切片**
沙拉油————1 小匙

調味料

蠔油————1 大匙
細砂糖————1/4 匙
豬油蔥————1/2 匙
熱開水————2 大匙

1　煮一鍋滾水，放入廣東生麵汆燙 1 分鐘至麵熟透，撈起，盛入深盤，備用。

2　以作法 1 滾水鍋燙熟芥藍菜和香菇絲，撈起，擺在成品盤上。

2　將所有調味料調勻，淋在麵上，拌勻即可。

自製豬油蔥

⇨ **材料**

豬板油————300g
紅蔥頭————100g…**切薄片**

⇨ **作法**

1　豬板油洗淨，瀝乾，放入冷鍋，以中小火慢慢逼出油脂，至豬背油煸到微焦乾，撈出豬油渣。

2　加入紅蔥頭薄片炸至金黃，撈起，瀝乾油脂，靜置冷卻後入罐密封，待豬油冷卻後倒入蔥酥罐中，即完成豬油蔥。

※ 做好的豬油蔥拌麵或拌青菜都很美味，可放置冰箱冷藏，建議在一個月內食用完畢。

叉燒撈麵

  材 料 1 人份

廣東生麵	150g	**調味料**	
洋蔥	1/4 顆…切絲	蠔油	1 大匙
叉燒肉	60g…見 P.26，切絲	細砂糖	1/2 匙
蔥絲	10g	白胡椒粉	少許
沙拉油	1 大匙		
水	120cc		

作 法

1 煮一鍋滾水，加入 1 茶匙沙拉油（分量外），放入廣東生麵燙到麵條軟化，
   撈起瀝乾，再拌入 1 茶匙沙拉油（分量外），拌開讓麵條不易沾黏，放涼
   備用。

2 熱鍋，倒入 1 大匙沙拉油，依序放入洋蔥絲→叉燒絲，炒香，加水，放入
   所有調味料煮滾。

3 加入作法 1 麵條，翻炒炒至湯汁稍收乾，盛盤，放上蔥絲即可。

    認 識 食 材

廣東生麵

廣東生麵有加入食用鹼水，能增加麵條Q彈口感與
特殊風味。也因為添加食用鹼，烹煮前會先燙過，
去除鹼味。讀者也能購買全雞蛋麵（較少店家製
作）使用。

北菇滑雞煲飯

材　料　4 人份

		調味料	
米	2 杯	醬油	2 大匙
水	3 杯	細砂糖	1 茶匙
去骨雞腿肉	400g…**切小塊**	太白粉	1 大匙
乾香菇	3 朵…**泡發，切片**	米酒	2 大匙
辣椒片	5g	香油	1 大匙
薑片	5g		
蔥	1 支…**切段**		

作　法

1 米洗淨、瀝乾，倒入 3 杯水，浸泡 1 小時，備用。
　※ 米和水的比例為 1：1.5，生米浸泡過比較容易煮透。

2 將雞腿肉塊、香菇片、辣椒片、薑片及所有調味料拌勻ⓐ，略醃備用。

3 取砂鍋，將作法 1 浸泡好的米連水一起入鍋ⓑ，以中火煮，過程中要偶爾攪拌ⓒ以防沾鍋，煮滾ⓓ後蓋上鍋蓋，改小火煮約 3 分鐘，至水分略收至米的高度。

4 將醃好的作法 2 食材平鋪到米上ⓔ，蓋上鍋蓋，持續以小火煮約 10 分鐘，至水分完全收乾，熄火燜約 5 分鐘。

5 掀蓋ⓕ，擺上蔥段，食用時可依個人口味淋上少許醬油，拌勻即可。

臘味煲仔飯

米	2 杯
水	3 杯
臘腸	1 根
肝腸	1 根
臘肉	200g
蒜末	15g
沙拉油	1 大匙
芥藍菜	2 根⋯**燙熟**

調味料

醬油	1 大匙
蠔油	2 茶匙
細砂糖	2 茶匙
熱開水	1 大匙

※ 所有調味料調勻成淋醬。

1　米洗淨、瀝乾，倒入 3 杯水，浸泡 1 小時 a，備用。

2　用熱水沖燙表面臘腸、肝腸及臘肉表面 b，瀝乾備用。
　　※ 臘腸、肝腸及臘肉等臘味，在烹調前先用熱水沖燙，可去除表面雜質。

3　取一砂鍋，放入蒜末和 1 大匙沙拉油，以小火爆香 c，將作法 1 浸泡好的米連水一起入鍋，以中火煮，過程中要偶爾攪拌 d。

4　煮滾後擺上臘腸、肝腸及臘肉 e，改小火，蓋上鍋蓋，煮約 15 分鐘，至水分完全收乾，熄火，燜約 5 分鐘。

5　掀蓋 f，取出臘味，切片後排到煲飯上，再擺上芥藍菜，淋入調勻的調味料即可。

滑蛋蝦仁燴飯

  2 人份

蝦仁	100g…**開背去腸泥**	調味料	
鮮香菇	2 朵…**切絲**	鹽	1/4 小匙
雞蛋	1 顆…**打散**	細砂糖	1/4 小匙
蔥花	少許	蠔油	1/2 小匙
白飯	250g	香油	1/4 匙
水	120cc	太白粉	1 大匙
沙拉油	1 大匙	水	2 大匙

※ **太白粉＋水，先調勻。**

1　熱鍋，倒入 1 大匙沙拉油，放入蝦仁和香菇絲，以中火拌炒約 1 分鐘，炒到香氣出來 ，倒入水，煮滾。

2　加入鹽、細砂糖、蠔油及香油，拌勻，改小火，緩緩倒入太白粉水勾芡 。

3　熄火，倒入蛋液 ，稍微拌開。起鍋，淋在白飯上 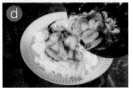，撒入蔥花即可。

熄火再滑蛋

滑蛋的薄嫩口感超誘人，小技巧就是在勾入芡汁拌勻後熄火，將蛋汁繞鍋一圈倒入，在蛋汁稍微熟的時候拌開，直接倒在燴飯上就可以了。

鹹魚雞粒炒飯

材料		調味料	
馬友鹹魚	30g…切小丁	**A**	
去骨雞腿肉	60g…切小丁	太白粉	1 茶匙
薑碎	10g	鹽	1/4 茶匙
白飯	300g	**B**	
雞蛋	2 顆…打散	醬油	1 茶匙
沙拉油	2 大匙	鹽	1/4 茶匙
美生菜	少許…切絲	白胡椒粉	少許
蔥花	少許		

作法

1. 雞腿肉丁以調味料 A 抓勻，備用。

2. 熱鍋，倒入 2 大匙沙拉油，放入馬友鹹魚丁和薑碎，煸香，加入雞腿肉丁炒熟。

3. 放入白飯，倒入蛋液翻炒均勻，加入調味料 B 炒勻，再加入美生菜絲和蔥花，炒勻盛盤即可。

佛手無花果湯

  6 人份

佛手瓜	600g…**去皮、芯籽，切塊**	南北杏	30g
無花果乾	8 粒	水	2000g
豬骨	150g		
豬瘦肉	150g…**切塊**	**調味料**	
枸杞	10g	細砂糖	1/2 小匙
紅棗	6 粒	鹽	1/4 小匙
蜜棗	2 粒		

1　無花果乾、紅棗、蜜棗、枸杞及南北杏洗淨，瀝乾備用。

2　另備一冷水鍋，放入豬骨和豬瘦肉塊，開火加熱煮滾，燙煮約 2 分鐘，撈出，洗淨沖涼，備用。

※「肉類冷水入鍋燙」可去除肉的腥味，讓污血雜質藉由冷水加熱過程，慢慢釋放到水中，若以滾水汆燙，會讓肉的表面毛細孔迅速收縮，血水和雜質反而無法釋出。

3　取砂鍋，倒入水煮滾，放入作法 2 豬骨和豬瘦肉塊、無花果、紅棗、蜜棗、枸杞及南北杏，再煮滾，改小火煮約 10 分鐘，放入佛手瓜塊。

4　以小火煲煮 1.5～2 小時，加入調味料調味即可。

西洋菜瘦肉湯

 6 人份

西洋菜	200g		
豬骨	150g	**調味料**	
豬瘦肉	150g…**切塊**	細砂糖	1/2 小匙
蜜棗	2 粒	鹽	1/4 小匙
南北杏	30g		
薑片	10g		
水	2000g		

作　法

1　將西洋菜浸泡在水中，洗淨後瀝乾，切段備用。

2　另備一冷水鍋，放入豬骨和豬瘦肉塊，開火加熱煮滾，燙煮約 2 分鐘，撈出，洗淨沖涼，備用。

3　取砂鍋，倒入水煮滾，放入作法 2 豬骨和豬瘦肉塊、蜜棗、南北杏及薑片，再煮滾，改小火煮約 10 分鐘，放入西洋菜段。

4　再次煮滾，改小火煲煮 1.5 ～ 2 小時，加入調味料拌勻調味即可。

西洋菜

「西洋菜」亦稱豆瓣菜、水蔊菜，水田芥等，是香港廚房裡的常見蔬菜，在花東原鄉或南部鄉間較為常見，適合炒、燙，煮湯，台灣四季皆可購得，但尤以春季盛產，為水生植物，清洗時要特別注意。

霸王花玉竹雞湯

 6 人份

霸王花乾————60g
玉竹————20g
蜜棗————2 粒
薑片————10g
土雞腿————1 支…**剁大塊**
水————2000cc

調味料
細砂糖————1/2 小匙
鹽————1/4 小匙

1　霸王花乾洗淨，泡水 30 分鐘；玉竹、蜜棗洗淨，瀝乾備用。
2　另備一冷水鍋，放入土雞腿塊，開火加熱煮滾，燙煮約 1 分鐘，撈出，洗
　　淨沖涼，備用。
3　取砂鍋，倒入水煮滾，放入作法 2 土雞腿塊、霸王花、玉竹、蜜棗及薑片，
　　再煮滾。
4　改小火煲煮 1.5 ～ 2 小時，加入調味料調味即可。

港式煲湯乾貨多

香港人的餐桌上，不能缺少的就是一鍋滋養脾胃的煲湯，
餐廳也會提供每日例湯讓饕客們一飽口福。煲湯使用許
多乾貨，取其濃郁豐足的風味，書中精選三款道地煲湯，
作法不難，食材也能在網路電商或南北雜貨行購得。

精選熱炒 & 煲鍋

XO 醬蘿蔔糕

材料 4 人份

		調味料	
蘿蔔糕	400g…P.104，切塊		
銀芽	30g	XO 醬	2 大匙
韭黃	30g…**切段**	蠔油	1 大匙
雞蛋	1 顆…**打散**	細砂糖	1 小茶匙
鮮香菇	2 朵…**切片**	水	1 大匙
蝦米	少許…**洗淨瀝乾**	白胡椒粉	少許
蒜頭	2 粒…**切碎**		
沙拉油	2 大匙		

作法

1　平底鍋熱鍋，倒入沙拉油，放入蘿蔔糕，煎至兩面焦黃，取出瀝油，備用。

2　利用作法 1 鍋底油，將蛋液炒熟，加入蒜碎、蝦米及香菇片爆香，再加入 XO 醬，炒出香氣。

3　加入其餘調味料，煮滾，轉小火，放入煎好的蘿蔔糕、銀芽及韭黃，拌炒均勻，煮至湯汁收乾即可盛盤。

XO 醬炒魚片

 材 料 4 人份

鱸魚肉	300g	醃料		調味料	
紅甜椒塊	20g	太白粉	1 茶匙	XO 醬	2 大匙
黃甜椒塊	20g	米酒	1 茶匙	蠔油	1 茶匙
蔥	1 根…切段	蛋白	1 茶匙	細砂糖	1/2 茶匙
薑末	20g			白胡椒粉	少許
蒜末	20g			水	1 大匙
沙拉油	200cc				

 作 法

1　鱸魚片洗淨，切成約 0.3cm 的厚片，加入醃料抓勻，備用。

　　※ 魚肉用米酒稍抓，有去腥效果，蛋白可使魚肉口感更滑嫩，太白粉則有保護魚片，使其不易碎的作用。

2　熱鍋，倒入沙拉油，放入魚片 a，用半煎炸的方式 b 將魚片煎至表面金黃、約 8 分熟，撈出瀝油 c，備用。

　　※ 煎魚片時，先把魚皮面朝下，比較不易黏鍋。

3　利用作法 2 鍋底油，放入蔥段、薑末、蒜末爆香，加入 XO 醬 d 炒出香氣，再加入其餘調味料，拌勻。

4　加入紅、黃甜椒塊及煎好的魚片 e，翻炒均勻 f，煮至湯汁收乾，即可盛盤。

XO 醬百花油條

A

油條	1 條…蒸軟
蝦仁	200g…剁成泥
薑末	5g
蔥花	10g

B

薑末	20g
蒜末	20g
蔥花	20g
太白粉	1 大匙

蛋白	1 大匙
沙拉油	600cc

調味料

XO 醬	2 大匙
蠔油	1 茶匙
細砂糖	1/2 茶匙
白胡椒粉	少許
水 a	2 大匙
太白粉	1 大匙
水 b	2 大匙

※ 太白粉＋水 b，先調勻。

作法

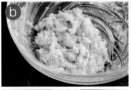

1. 蝦泥放入調理盆，加入薑末和蔥花，反覆摔拍 **a** 至黏稠狀 **b**，成蝦漿備用。

2. 油條切成 6cm 長 **c**，對切剖開 **d**，在剖面抹少許太白粉 **e**，填入約 25g 蝦漿 **f**，表面再塗抹蛋白液。

   ※ 太白粉可幫助蝦漿黏著；表面抹蛋白液，則可讓表面平滑，口感滑嫩。

3. 熱油鍋，加熱至油溫約 160℃，放入作法 2 鑲好的油條，炸 2～3 分鐘，至表面金黃，撈起瀝油。

   ※ 可倒出多餘炸油，以原鍋進行下個步驟。

4. 熱鍋，放入薑末、蒜末以鍋底油爆香，加入 XO 醬炒出香氣，加入 2 大匙水，再依序加入蠔油→細砂糖→白胡椒粉調味，放入炸好的百花油條稍拌，淋入太白粉水勾芡，盛盤，撒上蔥花即可。

小撇步

油條先蒸軟

酥脆的油條容易破碎，先用電鍋稍微蒸軟，切的時候才能保持完整、不破碎。

菜遠牛肉

牛肉	250g
芥藍菜	300g
蒜頭	2 粒
薑片	20g
沙拉油	2 大匙

醃料

醬油	1 茶匙
太白粉	1 茶匙

調味料

蠔油	1 大匙
細砂糖	1/2 茶匙
白胡椒粉	少許
水 a	1 大匙
太白粉	1 大匙
水 b	2 大匙

※ 太白粉＋水，先調勻。

1. 牛肉逆紋切厚約 0.3cm 的薄片，用醬油＋太白粉醃漬 10 分鐘，拌入少許沙拉油，
   備用。
   ※ 牛肉筋絡長，逆紋切斷紋路，肉片比較好咀嚼、口感較好。
   ※ 醃好的肉片拌入沙拉油，烹煮時不易黏著在一起，會比較好炒開。
2. 芥藍菜洗淨，切約 5cm 長度，芥藍菜根部較粗，可對切讓根部熟度一致，放入
   滾水鍋中汆燙，沖涼備用。
   ※ 芥藍菜先燙過，後續拌炒時比較容易熟。
3. 熱鍋，倒入沙拉油，放入牛肉片拌炒至 8 分熟，撈起備用。
4. 以作法 3 原鍋，利用鍋底油爆香蒜片和薑片，放入燙過的芥藍菜拌炒均勻，加
   入水 a、蠔油、細砂糖及白胡椒粉調味。
5. 稍微煮滾，加入牛肉片拌炒均勻，淋入太白粉水芶薄汁，即可盛盤。

欖菜碎肉四季豆

  4 人份

四季豆	300g	調味料	
豬絞肉	60g	蠔油	1 大匙
蒜末	20g	細砂糖	1/2 茶匙
紅蔥頭末	20g	白胡椒粉	少許
醃漬橄欖菜	30g		
沙拉油	200cc		

1　四季豆洗淨，從蒂頭折下順著豆莢兩邊撕去
　　粗絲，切 6cm 段，備用。
　　※ 撕去豆莢粗纖維，能使四季豆口感更好。

2　熱油鍋，加熱至油溫約 160℃，放入四季豆
　　炸約 1 分鐘，撈起瀝油，備用。
　　※ 可倒出多餘炸油，以原鍋進行下個步驟。

3　熱鍋，放入豬絞肉，以鍋底油煸炒至肉色反
　　白，加入蒜末、紅蔥頭末及醃漬橄欖菜，拌
　　炒出香氣。

4　放入炸好的四季豆拌勻，加入所有調味料，
　　拌炒均勻即可盛盤。

醃漬橄欖菜

鹽漬橄欖菜多以玻璃罐
包裝販售，是大陸潮汕
區的特色食材，是以新
鮮橄欖和芥菜葉製成。
先將橄欖用清水漂洗或
煮熟後，繼續浸泡兩天，
濾除酸澀；芥菜以鹽抓
勻，略為醃漬後洗淨、
瀝乾後切碎。將芥菜葉
和橄欖一起放入鍋中，
加入沙拉油翻炒，以小
火熬煮後用適量的鹽調
味而成。

鎮江京都骨

 材 料 4 人份

五花腩排	350g…剁小塊	調味料	
蒜末	20g	鎮江香醋	2 大匙
沙拉油	600cc	細砂糖	1 又 1/2 茶匙
醃料		太白粉	1 茶匙
鹽	1/3 小匙	水	2 茶匙
米酒	1 大匙	※ 太白粉＋水，先調勻。	
太白粉	1 小匙		
麵粉	1 小匙		

作 法

1　排骨用冷水浸泡 30 分鐘，撈起稍微沖洗，瀝乾後用鹽和米酒抓勻，再加入太白粉和麵粉 ，抓稠 c，備用。
　　※ 泡水能使排骨去除血水跟腥味。

2　熱油鍋，加熱至油溫約 180℃，放入醃好的排骨，以小火炸約 3 分鐘，轉中大火再炸 1 分鐘，至排骨酥脆後撈起 d，瀝油備用。
　　※ 可倒出多餘炸油，以原鍋進行下個步驟。

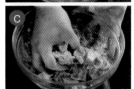

3　熱鍋，放入蒜末爆香，加入鎮江醋和細砂糖，稍微煮滾，加入剛炸好的排骨，翻炒均勻，以太白粉水勾芡即可。

香橙排骨

  4 人份

			調味料
五花腩排	350g		**A**
沙拉油	600cc		新鮮柳橙汁 ── 2 大匙
熟白芝麻	少許		細砂糖 ── 1 大匙
			白醋 ── 1 大匙
醃料			吉士粉 ── 1 大匙
鹽	1/3 小匙		**B**
米酒	1 大匙		太白粉 ── 1 茶匙
太白粉	1 小匙		水 ── 2 茶匙
麵粉	1 小匙		※ 太白粉＋水，先調勻。

  作 法

1　排骨用冷水浸泡 30 分鐘，撈起稍微
　　沖洗，瀝乾後用鹽和米酒抓勻，再加
　　入太白粉和麵粉，抓稠，備用。

2　熱油鍋，加熱至油溫約 180℃，放入
　　醃好的排骨a，以小火炸約 3 分鐘，
　　轉中大火再炸 1 分鐘，至排骨酥脆後
　　撈起b，瀝油備用。
　　※ 可倒出多餘炸油，以原鍋進行下個步
　　驟。

3　熱鍋，放入調勻的調味料 A 柳橙醬，
　　稍微煮滾至濃稠狀c，加入剛炸好的
　　排骨d，翻炒均勻，以太白粉水勾芡，
　　盛盤，撒上熟白芝麻即可。

芋頭排骨煲

排骨	250g…剁小塊	**調味料**	
芋頭	200g…切滾刀塊	醬油	1/2 茶匙
蒜碎	20g	細砂糖	1/2 茶匙
薑片	20g	椰漿	2 大匙
蔥	1 根…切斜段	水	200g
沙拉油	600cc		

醃料

鹽	1/2 小匙
米酒	1 大匙
太白粉	1 小匙

作　法

1 排骨用冷水浸泡 30 分鐘，撈起稍微沖洗，瀝乾後用鹽和米酒抓勻，再加入太白粉和麵粉，抓稠，備用。

2 熱油鍋，加熱至油溫約 180℃，放入醃好的排骨，以小火炸約 1 分鐘，轉中大火，放入芋頭塊，一起再炸 2 分鐘，至排骨和芋頭表面皆呈金黃色，撈起，瀝油備用。

   ※ 可倒出多餘炸油，以原鍋進行下個步驟。

3 熱鍋，放入薑片、蒜碎及蔥白段爆香 a，倒入水煮滾，放入炸好的排骨和芋頭 b，再煮滾。

4 加入醬油和細砂糖，拌勻，蓋上鍋蓋，燜煮 5～10 分鐘至芋頭軟綿 c，倒入椰漿 d，拌均，煮至收汁呈濃稠狀，放入燒熱的煲仔鍋中，擺上蔥綠段即可。

   ※ 煮到芋頭邊角有缺角，就代表芋頭已經綿軟熟透。

菠蘿咕咾肉

  4 人份

豬梅花	350g	醃料		調味料	
洋蔥片	30g	鹽	1/4 小匙	番茄醬	3 大匙
青椒片	15g	雞蛋	1 顆	白醋	3 大匙
紅椒片	30g	玉米粉	1 大匙	細砂糖	3 大匙
鳳梨片	30g	米酒	1 大匙	太白粉	1 茶匙
沙拉油	600cc			水	2 茶匙
太白粉	4 大匙				

※ 太白粉＋水，先調勻。

1 先將豬梅花肉切成 2cm 的厚片，用刀背拍打讓肉的
   組織鬆軟、斷筋，再切成約 2cm 的骰子粒狀，加入
   鹽、雞蛋、玉米粉及米酒，抓勻，醃 20 分鐘，裹
   上太白粉，備用。

2 熱油鍋，加熱至油溫約 160℃，放入醃好的豬梅花，
   以小火炸約 3 分鐘，轉中大火再炸 2 分鐘，至表面
   金黃、肉塊浮至鍋面，撈起，瀝油備用。
   ※ 可倒出多餘炸油，以原鍋進行下個步驟。

3 熱鍋，加入番茄醬炒香 a ，再加入白醋和細砂糖 b
   ，煮滾至砂糖融化，放入炸好的豬梅花肉塊、洋蔥
   片、青椒片、紅甜椒片及鳳梨 c ，翻炒均勻，淋
   入太白粉水勾芡 d ，即可盛盤。
   ※ 蕃茄醬炒過除了香氣更好，顏色也會比較紅。

鹹魚鹹蛋蒸肉餅

材料 4 人份

豬絞肉	350g	
馬友鹹魚	40g…切碎	
鹹蛋黃	2 顆	
薑絲	20g	
乾香菇	2 朵…泡軟、切小丁	
荸薺	50g…以刀背拍扁、切碎	
蔥花	20g	
太白粉	1 大匙	
水	1 大匙	
雞蛋	1 顆	

調味料

蠔油	1 大匙
細砂糖	1/2 小匙
胡麻油	1/2 小匙
白胡椒粉	少許

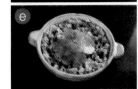

作法

1　鹹蛋黃用刀面拍扁，備用。

　※ 刀面可塗抹一點沙拉油，避免拍扁鹹蛋黃時沾黏。

2　取調理盆，放入鹹蛋黃外的所有材料 b，加入所有調味料，攪拌均勻，摔打 c 至呈黏稠狀 d。

3　取一深盤，盛入作法 2 鹹魚肉，平鋪，擺上拍扁的鹹蛋黃 e，放入電鍋蒸 15 分鐘至熟，取出，撒上蔥花即可。

鹹魚雞粒豆腐煲

  4 人份

雞蛋豆腐	1 盒…**切小丁**
去骨雞腿肉	150g…**切小丁**
馬友鹹魚	40g…**切小丁**
鮮香菇	30g…**切小丁**
蒜末	30g
紅蔥頭末	30g
蔥花	20g
沙拉油	4 大匙

醃料

鹽	1/8 小匙
太白粉	1/4 小匙

調味料

蠔油	1 大匙
細砂糖	1/2 小匙
紹興酒	1/2 小匙
白胡椒粉	少許
水	100cc
太白粉	1 大匙
水	2 大匙

※ 太白粉＋水，先調勻。

作 法

1 熱油鍋，加熱至油溫約 180℃，放入雞蛋豆腐丁，炸至表面金黃，撈起瀝油，備用。
   ※ 可倒出多餘炸油，以原鍋進行下個步驟。

2 熱鍋，放入去骨雞腿肉丁，煸炒至表面金黃，加入鮮香菇丁、蒜末、紅蔥頭末、蔥花及鹹魚粒 ⓐ，炒香後倒入水，依序加入蠔油→細砂糖→紹興酒→白胡椒粉，拌勻調味煮滾。

2 放入炸好的雞蛋豆腐丁 ⓑ，煨煮，轉小火，淋入太白粉水芶芡 ⓒ，再次煮滾，盛入已燒熱的煲仔中 ⓓ 即可。

嘟嘟滑雞煲

 材 料 4 人份

去骨雞腿肉	350g…切塊	蛋液	1 大匙
乾香菇	3 朵…泡軟、切對半	白胡椒粉	少許
蒜頭	3 粒…切片	**調味料**	
紅蔥頭	5 粒…切片	蠔油	1 大匙
洋蔥	1/4 顆…切塊	細砂糖	1/2 小匙
蔥	1 根…切段	紹興米酒	1/2 小匙
沙拉油	2 大匙	白胡椒粉	少許
醃料		水	60cc
醬油	1 茶匙	太白粉	1 茶匙
米酒	1 茶匙	水	2 茶匙
細砂糖	1/4 匙	※ 太白粉＋水，先調勻。	
太白粉	1 大匙		

  作 法

1 去骨雞腿肉塊用醃料抓勻，醃漬 20 分鐘，備用。

2 熱鍋，倒入沙拉油，放入醃好的去骨雞腿肉塊，煸炒至表面金黃，撈起備用。

3 於作法 2 原鍋放入蒜片、紅蔥頭片及洋蔥塊，煸炒出香氣，加入去骨雞腿肉塊，再加入太白粉水外的調味料，稍微拌均，燒煮至湯汁收濃。

4 淋入太白粉水勾芡，盛入燒熱的煲仔中，擺上蔥段即可。

枝竹魚腩煲

草魚肚	400g…切片	**醃料**	
枝竹	3 根	鹽	1/4 茶匙
薑片	30g	米酒	1 大匙
蔥	2 根…切段	太白粉	1 大匙
蒜蓉	20g	白胡椒粉	少許
紅蔥頭末	20g	**調味料**	
香菜段	20g	蠔油	1 大匙
沙拉油	2 大匙	細砂糖	1/2 茶匙
		白胡椒粉	少許
		水	60cc
		太白粉	1 茶匙
		水	2 茶匙

※ 太白粉＋水，先調勻。

1 草魚肚片用醃料抓勻，醃漬 10 分鐘；枝竹泡溫水，軟化後用剪刀剪成 5cm 段，備用。
2 熱鍋，倒入沙拉油，放入醃好的草魚肚片，煎至兩面金黃，撈出備用；再放入枝竹段，稍微煎到金黃色，撈出備用。
3 熱鍋，倒入沙拉油，放入薑片、蔥白段、蒜蓉、紅蔥頭末爆香，再倒入 2 大匙水，依序加入蠔油→細砂糖→白胡椒粉調味，稍微煮滾，放入煎好的草魚肚片和枝竹段。
4 翻炒均勻，放入蔥綠段，淋入太白粉水勾芡，炒勻後盛入燒熱的煲仔中，撒上香菜段即可。

港式清蒸魚

  **4 人份**

石斑魚	1 條
蔥	3 根…1 根切段；1 根切絲
薑片	10g
紹興酒	1 大匙
香油	60g

調味料

高湯	100cc
醬油	1 大匙
細冰糖	1 小匙
魚露	1 小匙

※ 蔥絲和薑絲可先泡水，保持翠綠、避免氧化，備用。

  作 法

1　石斑魚去鱗、去鰓、去內臟，洗淨，以廚房紙巾吸乾水分，用刀從魚側劃一刀a，表面再劃斜刀b，備用。
※ 可以讓魚更容易熟透。

2　取魚盤，先放 1 根對折的蔥，擺上魚，再擺上薑片和蔥段，淋上紹興酒c，放入水已滾沸的蒸鍋中，以中大火蒸 12 分鐘，取出，拿掉蔥薑。
※ 魚身和盤子間墊 1 根蔥，可避免魚黏在盤上，薑片、蔥段及紹興酒，也能讓魚在蒸煮過程中去腥，增加香氣。

3　取鍋，燒熱，放入所有調味料，煮滾，淋入剛蒸好的魚盤d，鋪上蔥絲。

4　香油燒熱，淋在蔥絲e上即可。

蠔油芥藍

 4 人份

芥藍菜	300g
沙拉油	1 大匙
鹽	1/2 茶匙

調味料

高湯	50cc
蠔油	1 大匙
細砂糖	1/2 茶匙
香油	1/3 茶匙
太白粉	1 大匙
水	2 大匙

※ 太白粉＋水，先調勻。

 作 法

1 芥藍菜洗淨，用刨皮器將尾端較粗的纖維刨除。

2 煮一鍋熱水，加入鹽和沙拉油，再放入芥藍菜汆燙約 1 分鐘，撈起瀝乾，盛盤備用。

3 熱鍋，倒入高湯，加入蠔油和細砂糖，煮滾，轉小火，用太白粉水勾芡至稠狀，再煮滾，滴入香油，淋到剛燙好的芥藍菜上即可。

 認 識 食 材

刨去粗纖維，芥藍更嫩口

許多蔬菜食用前，細心刨除表面粗纖維，就能讓蔬菜更嫩口！例如：芥藍菜、花椰菜、西洋芹等。

時菜牛肉丸

材 料 10人份

牛絞肉	300g			
豬背油	80g…**切小丁**			
蔥花	20g			
香菜末	20g			
太白粉	40g			
冰水	80g			

調味料

鹽	1/4 茶匙
細砂糖	1/2 茶匙
白胡椒粉	少許

作 法

1 牛絞肉放入果汁機或調理機，加入
   鹽、細砂糖、白胡椒粉ⓐ，打勻，
   再加入太白粉，分兩次加入冰水ⓑ
   打勻。
   ※ 機器攪打會產生熱能，使用冰水降
   溫能讓牛肉丸口感更Q。

2 放入豬背油丁ⓒ、蔥花、香菜末ⓓ
   ，再打到牛絞肉和水完全融合ⓔ，
   放入冰箱冷藏2小時，備用。

3 將冷藏過的牛絞肉用虎口擠成球狀
   ⓕ，擺入蒸盤，放入電鍋蒸約12
   分鐘即可。
   ※ 外鍋約1杯水，也可以用中華鍋架
   上蒸盤蒸煮，記得時間要以水滾沸後開
   始計算。

鮮蝦蟹黃燒賣

A

豬瘦肉	300g	…**切細丁**
豬背油	150g	…**切細丁**
蝦仁	150g	
乾香菇	3 朵	…**泡軟、切丁**

B

燒賣皮	300g
紅蘿蔔末	30g
蛋黃	1 顆

調味料

鹽	1 茶匙
細砂糖	2 茶匙
太白粉	2 大匙
香油	1 大匙
白胡椒粉	1/2 茶匙

作　法

1　蝦仁去腸泥，洗淨，用廚房紙巾吸乾水分，備用。

2　豬瘦肉丁＋鹽，放入調理盆，混合拌匀，摔打、攪拌至有黏性，加入蝦仁繼續摔打、攪拌至蝦仁有黏性。

3　加入細砂糖拌匀，再加入豬背油丁、香菇丁、太白粉、香油、白胡椒粉，充分拌匀成餡料。

4　取燒賣皮，包入 25g 餡料，往內壓（～e），包成圓筒狀，將紅蘿蔔末＋蛋黃拌匀，點在頂端f當成蟹黃。

5　將燒賣放入蒸籠，蒸6分鐘至熟即可。

豉汁蒸排骨

 4 人份

豬腩排	600g…剁小塊	**調味料**	
豆豉	20g…沖洗降低鹹度	**A**	
辣椒	2 根…切斜片	鹽	1 茶匙
蒜末	30g	細砂糖	1 大匙
		太白粉	2 大匙
		米酒	2 大匙
		B	
		水	50cc
		老抽	1 大匙
		香油	30cc

1. 豬腩排塊用活水沖洗或放入水中浸泡約 20 分鐘，撈起瀝乾；備用。
   ※ 沖活水或泡水都能去除血水雜質，有去腥的效果。
2. 豬腩排塊倒入調理盆，加入調味料 A 和辣椒片，拌勻，再加入水、老抽、豆豉，攪拌均勻至水分充份被排骨吸收。
3. 加入蒜末和香油拌勻，鋪至蒸盤，放入蒸籠蒸約 10 分鐘即可。

蠔油叉燒包

材料 約２２顆

包子皮材料

A

低筋麵粉	400g
速溶酵母	5g
水	200cc

B

細砂糖	200g
無鋁泡打粉	15g
低筋麵粉	200g

內餡材料

蜜汁叉燒	300g…見 P.26，切小丁
蔥段	50g
薑片	20g
洋蔥絲	60g
紅蔥頭片	15g
沙拉油	4 大匙

調味料

A

細砂糖	120g
醬油	60g
蠔油	50g
水	230g

B

太白粉	50g
水	80g

※ 太白粉＋水，先調勻。

作法

1. 【包子皮】將包子皮材料A混合揉勻，用保鮮膜蓋著 ，發酵約 6 小時。
2. 加入細砂糖揉至砂糖融化，再加入無鋁泡打粉和低筋麵粉，揉勻成包子皮，備用。
3. 【內餡】熱鍋，倒入沙拉油，放入蔥段、薑片、洋蔥絲及紅蔥頭片，以小火爆香至微焦，加入所有調味料 A 全部下鍋，煮滾，用細濾網撈除爆香料，轉小火，慢慢倒入太白粉水，一邊攪拌一邊倒，攪拌至無結粒，熄火，盛出放涼即為叉燒醬，備用。
4. 【組合】取 200g 煮好的叉燒醬＋蜜汁叉燒丁，拌勻成叉燒餡。
5. 將包子皮均分成 45g ，擀開成圓形，包入約 30g 叉燒餡（～），放入蒸籠以大火蒸 8 分鐘即可。

韭黃炸春捲

A

豬肉絲	200g
筍絲	100g
蝦仁	100g
香菇絲	50g

B

韭黃段	100g
春捲皮	20 張

C

麵粉	1 大匙
水	1 大匙

※ 麵粉＋水，先調勻成麵糊。

調味料

鹽	1/4 茶匙
細砂糖	1 茶匙
蠔油	1 大匙
水	100cc
太白粉水	2 大匙
香油	1 大匙

※ 太白粉＋水，先調勻。

  作 法

1　豬肉絲、筍絲及蝦仁，先用滾水汆燙，瀝乾備用。

2　熱鍋，倒入少許沙拉油，放入材料 A 略炒，加入鹽、細砂糖、蠔油及水，翻炒均勻，湯汁煮滾，倒入太白粉水勾芡，起鍋放涼，加入韭黃段和香油，拌勻成餡料。

3　將春捲皮攤平，放上約 50g 餡料ⓐ，捲起ⓑ，接口處以麵糊黏緊（ⓒ～ⓓ）。

4　熱油鍋，加熱至油溫約 160℃，放入春捲，以中火炸至表面金黃即可。

糯　米　皮
Basic

材　料

A		B		C	
糯米粉	200g	澄粉	40g	純豬油	55g
水	100g	開水	50g		
細砂糖	55g				

作　法

 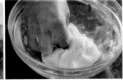

1　將材料 A 混合揉勻，至細砂糖融化。

 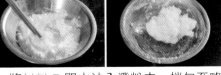

2　將材料 B 開水沖入澄粉中，拌勻至略成團。

3　將作法 2 澄粉團倒入材料 A 糯米粉團中，揉勻。

 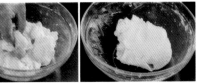

4　加入純豬油，混勻揉至表面光滑，完成糯米皮。

5　放入塑膠袋密封，放入冰箱冷藏 30 分鐘，取出分割使用即可。

家鄉鹹水餃

  **材 料　17顆**

		調味料	
糯米皮	600g…見 P.94	醬油	1 大匙
豬絞肉	200g	細砂糖	1/2 茶匙
蝦仁丁	80g	水	50g
乾香菇	30g…泡軟、切小丁	米酒	1 大匙
蘿蔔乾碎	50g…洗淨瀝乾	太白粉水	1 大匙
蔥花	30g	香油	1 茶匙

  作 法

1. 熱鍋，倒入少許沙拉油，放入豬絞肉和蝦仁丁，一起翻炒至顏色反白，加入香菇丁、醬油、細砂糖、水、米酒，翻炒至湯汁略收乾，再用太白粉水勾芡，灑入香油，起鍋放涼，備用。
2. 蘿蔔乾碎以乾鍋炒香，取出放涼，加入蔥花和冷卻的作法 1 ⓐ，拌勻成餡料，備用。
3. 糯米皮均分成 35g，搓圓，用手壓扁圓狀ⓑ，包入約 20g 餡料ⓒ，對折包成橄欖形（ⓓ〜ⓕ）。
4. 熱油鍋，加熱至油溫約 150℃，放入包好的鹹水餃，以中小火炸至表面金黃，撈出瀝油即可。

豆沙芝麻球

  材料 10顆

糯米皮	400g…見 P.94
紅豆沙	200g
生白芝麻	200g

  作法

1. 糯米皮均分成 40g，搓圓，用手壓扁圓狀，包入約 20g 紅豆沙，整形成圓形。

2. 表面用水沾濕，滾上白芝麻，用手搓壓，讓白芝麻緊密貼合。

   ※ 糯米皮表面噴水，芝麻才能附著，滾上芝麻後用手搓圓，可幫助芝麻貼合。

3. 熱油鍋，加熱至油溫約 150℃，放入包好的芝麻球，以中小火炸至表面金黃，撈出瀝油即可。

椰絲糯米糍

  10顆

糯米皮	400g…見 P.94
紅豆沙	200g
熟椰子粉	200g

1 糯米皮均分成 35g，搓圓，用手壓扁圓狀，包入約 20g 紅豆沙，整形成圓形。

2 取一蒸盤子，盤面抹油防止沾黏，放入包好的糯米球。

3 放入蒸籠蒸約 8 分鐘，取出，趁熱將表面沾上熟椰子粉即可。

※ 頂端可用巧克力豆裝飾。

蜂巢玉帶酥

  4 顆

芋頭	300g…切大塊	**調味料**	
鮮干貝	4 粒	鹽	1/2 茶匙
豬油	75g	五香粉	少許
澄粉	50g		
開水	60g（步驟是澄粉團）		

※ 開水沖入澄粉中，拌勻至略成團。

1　芋頭塊蒸熟，趁熱以桿麵棍搗壓成泥，加入鹽和五香粉搗均ⓐ，加入澄粉團揉均ⓑ，再下入豬油ⓒ，拌揉至油吃進芋泥內，裝入密封袋，放進冰箱冷藏約 3 小時。

　　※ 揉好的芋泥團放進冰箱，能讓豬油和芋泥充份融洽，冰過也較好操作，且延展性較好。

2　新鮮干貝用熱水汆燙 1 分鐘，起鍋沖涼、瀝水，以廚房紙巾擦乾，備用。

3　芋泥分割成35gⓓ，搓圓，用手壓扁，放入干貝包起（ⓔ～ⓕ），不封口。

4　熱油鍋，加熱至油溫約 200℃，放入包好的干貝芋頭，以中小火炸約 2 分鐘，至表面金黃且呈蜂巢狀，撈出瀝油即可。

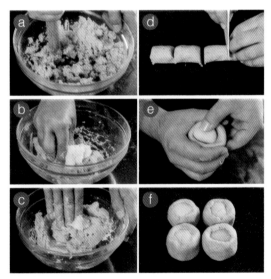

臘味蘿蔔糕

		調味料
白蘿蔔絲	250g	**A**
在來米粉	130g	鹽　　　　　1 茶匙
日本太白粉	20g	細砂糖　　　1 茶匙
紅蔥頭碎	20g	白胡椒粉　　1/2 茶匙
臘腸丁	100g	水　　　　　150g
蝦米	30g	**B**
		沙拉油　　　4 大匙
		水　　　　　300g

  作　法

1　在來米粉＋日本太白粉，放入調理盆中，加入調味料 A 拌勻 a，備用。

2　取鍋，倒入沙拉油，以小火爆香紅蔥頭碎 b，加入臘腸丁和蝦米炒香 c。

3　加入水和白蘿蔔絲 d，煮滾 e，沖入作法 1 乾粉中 f，拌勻至糊化 g。

※「糊化」非常重要！先沖入熱的湯水可讓在來米粉糊化，後續蒸蘿蔔糕的時候，在來米粉才不會沉澱。

4　鋁箔盒抹油，填入作法 3 粉漿，抹平 h，放入蒸籠蒸 40 ～ 45 分鐘，取出放涼，移至冰箱冷藏約 4 小時，取出切片煎至兩面金黃即可。

五香芋頭糕

  １０人份

A

芋頭	300g…**切小丁**
蝦米	20g
臘腸	100g…**切小丁**
紅蔥頭碎	20g
水	700cc
沙拉油	2 大匙

B

在來米粉	200g
日本太白粉	50g
水	400cc
鹽	1/2 茶匙
細砂糖	1 茶匙
五香粉	1/4 茶匙
白胡椒粉	1/2 茶匙

※ 所有材料 B 先混合拌勻，備用。

1 熱油鍋，加熱至油溫約 180℃，放入芋頭丁 a，以中大炸至芋頭表面呈金黃色，撈起，瀝油備用。
   ※ 可倒出多餘炸油，以原鍋進行下個步驟。

2 熱鍋，放入紅蔥頭碎煸炸 b，再加入蝦米和臘腸丁爆香，倒入水煮滾，再放入炸好的芋頭丁，稍煮 2 分鐘 c。

3 沖入調勻的材料 B 來米漿水 d，快速攪拌至糊化成濃稠狀 e，盛入鋁箔盒 f，放入蒸籠蒸 40 分鐘即可。

蟬衣腐皮卷

A

蝦仁	250g
豬背油	50g…**切細末**
薑末	5g
蔥花	10g
腐皮	2 張

B

麵粉	1 大匙
水	1 大匙

※ 麵粉＋水，先調勻成麵糊。

調味料

鹽	1/2 茶匙
細砂糖	1 茶匙
太白粉	1 大匙
白胡椒粉	1/2 茶匙
香油	2 茶匙

作 法

1. 蝦仁去腸泥，洗淨，用廚房紙巾吸乾水分，放入調理盆，加鹽，混合拌勻，摔打、攪拌至有黏性，加入豬背油末、蔥花、薑末及其餘調味料，拌勻，完成蝦肉餡。

2. 將每張半圓形的腐皮均切為 3 張，成三角型，每張包入 60g 蝦肉餡 ⓐ，包捲成長筒型（ⓑ～ⓒ），接口處用麵糊黏緊（ⓓ～ⓔ）。

3. 熱油鍋，加熱至油溫約 150℃，放入腐皮捲，以小火炸至金黃色即可。

   ※ 起鍋前可轉大火逼油，或撈出，以大火讓油溫變高後，再放入腐皮捲炸一下逼出油之。

杏片西蝦筒

A | | **調味料** |
---|---|---|---
蝦仁 | 250g | 鹽 | 1/2 茶匙
豬背油 | 50g…**切細末** | 細砂糖 | 1 茶匙
薑末 | 5g | 太白粉 | 1 大匙
蔥花 | 15g | 白胡椒粉 | 1/4 茶匙
荸薺 | 10 粒…**拍碎** | 香油 | 1 茶匙

B

威化紙（糯米紙） 10 張
蛋黃 1 顆…**打散**
杏仁片 100g

1　蝦仁去腸泥，洗淨，用廚房紙巾吸乾水分，放入調理盆，加鹽，混合拌勻，摔打、攪拌至有黏性，加入豬背油末、荸薺碎、蔥花、薑末及所有調味料，拌勻，完成餡料 a 。

2　取 2 張威化紙重疊，包入 40g 餡料 b ，包捲成長筒型 c ，接口處用蛋黃液黏緊 d ，包好再刷一層蛋黃液 e ，沾上杏仁片 f 。

3　熱油鍋，加熱至油溫約 150℃，放入作法 2 杏仁片蝦捲，以小火炸約 3 分鐘，撈出瀝油即可。

脆皮馬蹄條

A

荸薺	240g

B

馬蹄粉	100g
澄粉	10g
煉奶	50cc
水	120cc

C

水	600cc
細砂糖	300g
無鹽奶油	1 大匙

D

脆酥粉	100g
水	110cc

作 法

1　荸薺拍碎，汆燙，撈出瀝乾；材料 B 拌勻成粉漿；取一可蒸容器，抹上沙拉油，備用。

　　※ 容器抹油可以避免成品沾黏，可方便脫模，也可以直接使用鋁箔盒。

2　荸薺碎＋材料 C 水和細砂糖，放入鍋中，煮滾，加入無鹽奶油 a，煮融，沖入作法 1 粉漿中 b，攪拌至呈糊狀 c，倒入容器中 d。

3　放入蒸籠蒸約 30 分鐘，取出放涼，放入冰箱冷藏至少 4 小時。

4　取出馬蹄糕，切成長條型 e，裹上調勻的材料 D 酥脆粉漿 f，放入油溫約 150℃的油鍋，炸至金黃酥脆即可。

鴻圖蝦多士

  ２０個

蝦仁	250g	**調味料**	
豬背油	50g…**切細末**	鹽	1/2 茶匙
薑末	5g	細砂糖	1 茶匙
蔥花	15g	太白粉	1 大匙
吐司	10 片	白胡椒粉	1/4 茶匙
餛飩皮	20 張	香油	1 茶匙
蛋液	1 顆		
香菜葉	少許		

1. 蝦仁去腸泥，洗淨，用廚房紙巾吸乾水分，放入調理盆，加鹽，混合拌勻，摔打、攪拌至有黏性，加入豬背油末、蔥花、薑末及所有調味料ⓐ，拌勻ⓑ，完成蝦肉餡。

2. 吐司切邊，縱切成兩片ⓒ，表面塗上蛋液ⓓ，擺上蝦肉餡，貼一片香菜葉ⓔ，蓋上餛飩皮ⓕ。

3. 熱油鍋，加熱至油溫約 130℃，放入蝦多士，以中小火炸至表面金黃色即可。

腸粉漿・齋粉
Basic

A 腸粉漿

再來米粉	100g
玉米粉	12g
太白粉	10g
鹽	1/4 茶匙
沙拉油	1 大匙
水	200cc

B 腸粉淋醬

醬油	4 大匙
細砂糖	1 大匙
開水	100cc
白胡椒粉	1/4 匙
香油	1 茶匙
紅蔥油	1 茶匙

※ 材料 B 調勻備用。

C 其它

熟白芝麻	少許

作　法

1 取一淺鐵盤（長寬約 30cm），盤底抹油，備用。

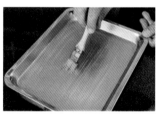

2 所有材料 A 攪拌均勻成腸粉漿。

3 舀取適量腸粉漿，倒入淺鐵盤中。

4 上下、左右搖勻，使麵糊厚約 0.3cm。

5 放入水已滾沸的蒸鍋，蓋上蓋子，蒸約 2 分鐘。

6 開蓋，取出淺鐵盤，用硬刮板將腸粉捲起即可。※ 切成適當大小，淋上腸粉淋醬，撒上白芝麻即為齋粉。

韭黃鮮蝦腸粉

材　料　**4 人份**

腸粉漿	120g…見 P.116	**醃料**	
蝦仁	100g	鹽	1/4 匙
韭黃	30g…切小丁	太白粉	1 茶匙
腸粉醬油	2 大匙…見 P.116	白胡椒粉	1/4 匙
		香油	1 茶匙

作　法

1　蝦仁去腸泥，洗淨，用廚房紙巾吸乾水分，放入調
　理盆，加入韭黃丁和所有調味料，拌勻成韭黃蝦仁
　餡，備用。

2　取一淺鐵盤（長寬約 30cm），盤底抹油，倒入攪
　勻的粉漿，上下、左右搖勻，使麵糊厚度約
　0.3cm，在 1/4 處排放韭黃蝦仁餡，蓋上蓋子蒸
　約 2 分鐘。

3　開蓋取出，用刮刀將腸粉捲起，切成適當大小，
　放入盤中淋上腸粉醬油即可。

叉燒腸粉

  4 人份

腸粉粉漿	120g…見 P.116
蜜汁叉燒	80g…見 P.26，切小丁
蔥花	10g
腸粉醬油	2 大匙…見 P.116

1　取淺鐵盤（長寬約 30cm），盤底抹油，倒入攪勻的粉漿，上下、左右搖勻，使麵糊厚度約 0.3cm，在 1/4 處排放蜜汁叉燒，蓋上蓋子蒸約 2 分鐘。

2　開蓋取出，用刮刀將腸粉捲起，切成適當大小，放入盤中，淋上腸粉醬油即可。

炸兩

  4 人份

腸粉粉漿	100g…**見 P.116**
油條	1 條…**剝開成兩細條**
蔥花	10g
腸粉醬油	2 大匙…**見 P.116**

1　取淺鐵盤（長寬約 30cm），盤底抹油，倒入攪勻的粉漿，上下、左右搖勻，使麵糊厚度約 0.3cm，在 1/4 處排放細油條，蓋上蓋子蒸約 2 分鐘。

2　開蓋取出，用刮刀將腸粉捲起，切成適當大小，放入盤中淋上腸粉醬油、撒上蔥花即可。

擘酥皮
Basic

  材料

A

純豬油	150g
無鹽奶油	50g
低筋麵粉	100g

B

中筋麵粉	150g
雞蛋	1 顆
豬油	50g
水	70g

1　材料 A 混合揉勻成油心，取托盤，撒麵粉防止沾黏，將油心平鋪在盤內，放入冰箱冷藏約 2 小時，備用。

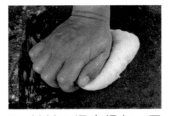

2　材料 B 混合揉勻，至麵團光滑，完成油皮。

3　將油皮擀開，至大小約油心面積 2 倍大，放入冷藏過的油心，折起油皮。

4　將油皮完整包覆油心，仔細捏合。

5　用桿麵棍擀開，至厚度約 1cm。

6　左右兩邊往內折，呈 3 摺狀。

7　再次擀開，至厚度約 1cm。

8　由左右兩邊向中心內折、再對折，呈 4 摺。

9　重複作法 7 ～ 8，再次 4 摺。

10　放回托盤，置入冰箱冷藏 30 分鐘。

11　取出麵皮擀開，厚度約 0.8 cm。

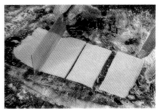

12　分割成想要的大小，放入冰箱冷藏備用即可。

擘酥蛋塔

材料　6人份

A

擘酥皮	1 大片…見 P.122

B

細砂糖	150g
開水	150
雞蛋	4 顆
奶水	50cc

作法

1. 取擀成 0.8cm 的擘酥皮，以圓形壓模壓出圓片，壓入蛋塔皮，用手指按壓至厚薄度均勻。

2. 細砂糖＋開水，拌勻至細砂糖融化，加入雞蛋和奶水，攪拌均勻。用濾網過濾，完成蛋塔液。

3. 將蛋塔液注入塔模中，約 8 分滿，放入已預熱的烤箱，以 250℃烘烤約 12 分鐘，關火，在烤箱內燜至蛋液凝固即可。

叉燒酥

A

擘酥皮　　　　　1 大片…見 P.122

B

蜜汁叉燒　　　　100g…見 P.26，切小丁
叉燒醬　　　　　60g…見 P.90
蔥花　　　　　　30g

　作　法

1　所有材料 B 叉拌勻，完成叉燒餡 ⓐ。
2　取擀成 0.8cm 的擘酥皮，切成適當大
　小的長方片 ⓑ。
3　在擘酥皮上擺入叉燒餡 ⓒ，包折捲起
　ⓓ，用手指壓緊封口 ⓔ。
4　放入烤盤，表面刷蛋黃液 ⓕ，放入已
　預熱的烤箱，以 250℃ 烘烤約 12 分
　鐘即可。

奶油焗白菜

白菜	300g…洗淨瀝乾，切塊	調味料	
乾香菇	2朵…泡軟、切絲	麵粉	2大匙
蝦米	5g…洗淨瀝乾	奶油	40g
蒜仁	1粒…切末	鹽	1/4茶匙
起司絲	80g	細砂糖	1/2茶匙
鮮奶	300cc		

作　法

1　取鍋，放入奶油加熱至融化，加入麵粉ⓐ拌炒均勻，至表面冒泡熄火ⓑ，倒入鮮奶ⓒ，再加入鹽和細砂糖ⓓ，拌均，以小火攪拌至冒泡，熄火，完成白醬，備用。

2　熱鍋，放入蒜末爆香，加入香菇絲和蝦米，炒香，再加入白菜塊，炒至白菜軟化，倒入白醬ⓔ，拌炒煨煮約2分鐘，至呈微濃稠狀。

3　取一可烘烤深盤，倒入煮好的白菜，鋪平，撒上起司絲ⓕ。

4　放入已預熱的烤箱，以200℃烘烤約10分鐘，至起司絲融化、表面呈金黃色即可。

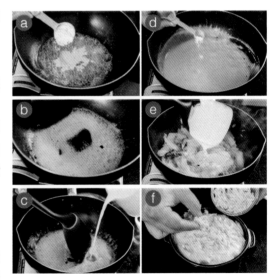

飲 品 & 甜 點

錫蘭紅茶

 材 料

錫蘭紅茶葉	60g
水	1250cc
細砂糖	50g

 作 法

1 取漏勺，套上棉質豆漿袋，架在耐熱容器上，放入錫蘭紅茶葉。

2 水煮滾，將熱水沖入錫蘭紅茶葉，將茶湯倒出，再次回沖到茶葉上，重複來回沖拉 2 次。

3 將沖好的錫蘭紅茶煮滾，加入細砂糖調勻即可。

絲襪奶茶

  1人份

錫蘭紅茶————450cc
細砂糖————60g
三花奶水————150cc

1 將錫蘭紅茶煮滾，熄火，加入細砂糖，拌至砂糖融化，放涼。

2 倒入三花奶水，攪拌均勻即可。

黑咖啡

 材　料

咖啡粉 ——————— 150g
水 ——————— 1750cc

 作　法

1　取漏勺，套上棉質豆漿袋，架在耐熱容器上，
　　放入咖啡粉。
2　水煮滾，將熱水沖入咖啡粉，再將沖泡好的
　　咖啡煮滾即可。

鴛鴦奶茶

錫蘭紅茶————480cc
黑咖啡————425cc
細砂糖————75g
三花奶水————250cc

作 法

1　將錫蘭紅茶＋黑咖啡，一起煮滾，熄火，加入細砂糖，拌至砂糖融化，放涼。

2　加入三花奶水，攪拌均勻即可。

椰汁西米露

西谷米	50g
椰漿	200cc
牛奶	200cc
開水	150cc
細砂糖	60g

 作 法

1　煮一鍋滾水，放入西谷米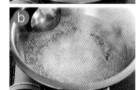，轉中小火微微滾動，煮 12 分鐘，熄火，蓋上鍋蓋燜 5 分鐘。

2　至西谷米燜到呈完全透明狀，撈出，過冷開水，瀝乾備用。
　※ 西谷米因為接著就要食用，所以要使用開水非生水，撈出沖冷開水可防止沾黏。

3　取深鍋，倒入開水煮滾，加入細砂糖，煮融放涼，再加入椰漿、牛奶，拌勻。

4　放入西谷米，拌勻食用即可。

楊枝甘露

材料

西谷米	50g	芒果	1 顆…**取果肉、切小丁**
細砂糖	50g	開水	300cc
椰漿	75cc	葡萄柚	1/4 顆…**取果肉、切小丁**
三花奶水	50cc		
芒果泥	150g		

作法

1 煮一鍋滾水，放入西谷米，轉中小火微微滾動，煮 12 分鐘，熄火，蓋上鍋蓋燜 5 分鐘。

2 至西谷米燜到呈完全透明狀，撈出，過冷開水 a，瀝乾備用。

3 取深鍋，倒入水煮滾，加入細砂糖，煮融後放涼，加入椰漿 b、三花奶水及芒果泥 c，拌勻。

4 加入西谷米、芒果丁、葡萄柚丁及西谷米 d，拌勻食用即可。

杏仁奶露

  1 人份

杏仁	250g
花生	80g
細砂糖	120g
水	1000cc
玉米粉	2 茶匙
水	4 茶匙

※ 玉米粉＋水，先調勻。

1　杏仁＋花生洗淨瀝乾，泡水 6 小時 a ，瀝乾備用。

2　將杏仁＋花生＋水，放入果汁機攪碎 b 成汁，以棉質豆漿袋過濾（ c ～ d ）。

3　取深鍋，倒入濾好的杏仁花生漿，加熱煮滾，轉微火，加入細砂糖，煮融，倒入玉米粉水 e ，攪拌至呈濃稠狀 f 即可。

※ 堅果漿很容易煮焦，所以建議把火力控制在微火，避免焦化。

核桃糊

 材料

核桃	300g
細砂糖	120g
水	1200cc
玉米粉	4 大匙
水	3 大匙

※ 玉米粉＋水，先調勻。

 作法

1 核桃洗淨、瀝乾，放入烤箱以 180℃烘烤 15 分鐘，備用。
2 將核桃＋水，放入果汁機攪碎成汁，以棉質豆漿袋過濾。
3 取深鍋，倒入濾好的核桃漿，加熱煮滾，轉微火，加入細砂糖，煮融，倒入玉米粉水，攪拌至呈濃稠狀即可。

我家也是茶餐廳

65 道超人氣港式美味輕鬆做！

國家圖書館出版品預行編目 (CIP) 資料

我家也是茶餐廳；65 道超人氣港式美味輕鬆做！/ 李德全，林國汶著. -- 初版. -- 臺北市：麥浩斯出版：家庭傳媒城邦分公司發行, 2018.12
144 面；17×23 公分
ISBN 978-986-408-445-6(平裝)
1. 點心食譜
427.16   107019531

作者	李德全、林國汶
企劃編輯	張淳盈
攝影	璞真奕睿影像
美術設計	徐小碧
社長	張淑貞
總編輯	許貝羚
主編	張淳盈
行銷	曾于珊
發行人	何飛鵬
事業群總經理	李淑霞
出版	城邦文化事業股份有限公司
	麥浩斯出版
地址	104 台北市民生東路二段 141 號 8 樓
電話	02-2500-7578
購書專線	0800-020-299
製版印刷	凱林印刷事業股份有限公司
總經銷	聯合發行股份有限公司
地址	新北市新店區寶橋路 235 巷 6 弄 6 號 2 樓
電話	02-2917-8022
版次	初版 6 刷 2024 年 3 月
定價	新台幣 399 元／港幣 133 元

Printed in Taiwan
著作權所有 翻印必究（缺頁或破損請寄回更換）

台灣發行

英屬蓋曼群島商家庭傳媒股份有限公司城邦分公司
地址：104 台北市民生東路二段 141 號 2 樓
讀者服務電話：0800-020-299（9:30AM~12:00PM；01:30PM~05:00PM）
讀者服務傳真：02-2517-0999 · 讀者服務信箱：E-mail：csc@cite.com.tw
劃撥帳號：19833516 · 戶名：英屬蓋曼群島商家庭傳媒股份有限公司城邦分公司

香港發行

城邦〈香港〉出版集團有限公司 · 地址：香港灣仔駱克道 193 號東超商業中心 1 樓
電話：852-2508-6231 · 傳真：852-2578-9337

馬新發行

城邦〈馬新〉出版集團 Cite(M) Sdn. Bhd.(458372U)
地址：41, Jalan Radin Anum, Bandar Baru Sri Petaling, 57000 Kuala Lumpur, Malaysia
電話：603-90578822 · 傳真：603-90576622